# 前　　言

苹果是我国栽培面积最大、产量最高的果树，病虫害发生的种类和数量也最多。为使果树不受病、虫危害，每年都要使用大量农药进行防治。但在防治过程中，常造成农药残留量超标，有时还会出现中毒现象。要做到科学使用农药、有效防治病虫害，首先要准确识别病虫害的种类、了解其发生规律。为帮助果农正确诊断苹果病虫害，我们将多年积累的图片资料汇编成册，辅以少量文字加以说明，以有针对性地开展病虫害防治工作；并根据果树生长物候期，介绍了具体防治措施。

本书在编写过程中，引用了中国农业科学院果树研究所王金友研究员、沈阳农业大学王克教授、华中农业大学王国平教授等专家拍摄的部分病害照片，害虫部分照片由中国农业科学院果树研究所窦连登研究员协助拍摄，并引用了沈阳农业大学王洪平教授的部分照片，在此一并致谢。

书中不足之处，敬请读者指正。

# 目　录

# 一、苹果病害及防治

## 1. 腐烂病 *Vasla ceratosperma*

主要危害树干和枝条，表现为溃疡型和枝枯型。溃疡型症状多发生在主干、主枝和侧枝上，病斑初期红褐色、稍肿起、皮层腐烂，有酒糟味，用手指按下有软烂感；后期病斑干缩凹陷，暗褐色，其上生有小黑点，潮湿时从小黑点中涌出黄色丝状物（分生孢子角）。枝枯型症状多发生在弱势枝上，病斑红褐色，绕枝一周后，上部干枯死亡。

病菌分生孢子角（小黄丝）

溃疡型

枝枯型

病菌子座（小黑点）

病疤

## 2. 干腐病 *Botryosphaeria berengeriana*

主要危害树干和枝条，也可危害果实。症状主要为溃疡型。病斑暗褐色或紫褐色，形状不规则、质地坚硬，失水后干缩凹陷、周边开裂。枝条症状多为枝枯型。树皮呈褐色、干硬、表面密生小黑点，此为病菌的分生孢子器或子座。

病斑扩展一周可导致幼树死亡。枝条受害后，病斑扩展迅速，树皮干缩，枝条因营养不足而死亡。果实受害后，先出现黄褐色小点，后逐渐扩大成腐烂型病斑，病处果肉软烂。

病　果

枝枯型病枝

溃疡型病斑后期症状

病斑分生孢子器

# 3.轮纹病 *Macrophoma kawatsukai*

危害枝干和果实。一年生枝条受害后，皮孔膨大、隆起，翌年形成瘤状突起。随着枝条生长，病瘤继续扩大。在生长后期，病斑周围形成木栓化组织，病健交界处开裂，病瘤翘起。树皮粗糙，影响养分运输，导致树体死亡。

病 瘤

病斑后期(病瘤周围开裂、病瘤翘起)

被害树干后期(粗皮)

果实受害后，在皮孔周围出现黄褐色或褐色斑点，病斑逐渐扩大。有两种表现症状，轮纹型和云斑型。病斑果肉软烂，有时表面流出茶褐色黏液。病健交界不明显。后期病斑表面长有粒状小点、褐色或黑色，此为病菌的分生孢子器。有的病果采收期不表现症状，但在贮藏期显症并很快腐烂。

病果初期

病果后期(轮纹型)

病果后期(云斑型)

病斑中的分生孢子器(小粒点)

## 4. 炭疽病 *Colletotrichum gloeosporioides*

主要危害果实。病果表面出现淡褐色圆形小斑，逐渐扩大成大型褐色病斑。病斑稍凹陷、果肉腐烂，病健交界明显且呈圆锥形。果实生长后期，病斑上长有黑色小粒点，呈同心轮纹状排列。病果提早脱落。

病斑上出现分生孢子盘(小黑点)

病 果

## 5. 霉心病 *Alternaria* spp.

由多种病原菌引起。多在果实成熟期和贮藏期发病。病果外观正常，在内部果心部位出现褐色斑块，周围果肉出现黄褐色腐烂，但不变软。常见症状有2种，一为霉心型，即果实心室变为黑色，长有黑绿色或灰黑色霉状物；一为心腐型，即心室部分腐烂，并蔓延至果肉。两种类型的健康果肉无异味，接近腐烂部分果肉味苦。

霉心型病果

心腐型病果

## 6.苦痘病

生理性病害，由于果实缺钙所致，一般在生长后期表现症状。发病果实以皮孔为中心出现近圆形病斑。病斑在红色果面上呈暗红色，在绿色果面上呈深绿色。病斑逐渐扩大后稍凹陷、果肉味苦。果实贮藏后病斑继续扩大。

生长期病果

贮藏期病果

## 7. 黑点病 *Trichothicium roseum.*

由一种或多种真菌引起，是果实套袋后出现的一种新病害。果实多在萼洼处发病。初期是以皮孔为中心出现针头大小的黑色斑点，逐渐扩大，接近采收时可扩展为直径1～3毫米的圆形斑点。病斑中部灰白色，边缘深褐色、稍凹陷，果肉坏死后呈深褐色。凡感染黑点病的果实，萼洼处多有细小横裂纹、表皮粗糙。

病果初期

# 8. 裂果病

生理性病害，由于果实生长期水分供应失调所致。在果实生长的中后期，果实近萼洼处或胴部的皮孔扩大、开裂，形成许多小裂口，裂口周围表皮变褐，裂口逐渐扩展，可达4～5厘米。裂口处常被病菌侵染发生腐烂。裂果在贮藏期易腐烂。

病果初期

病果后期

## 9. 青霉病 *Penicillium expansum*

病果后期

由多种青霉菌引起的果实病害，多发生在果实贮藏期。病菌从伤口侵入，初期形成黄白色圆形或近圆形的病斑并逐渐扩大，果肉软烂、并有很浓的霉味；后期病斑表面长出青绿色霉层。

## 10. 日　灼

生理性病害，由日光强烈照射所致。病害主要发生在太阳直射的果实上。果实生长中后期，遇阴雨后立即晴天或套袋果实摘袋后阳光强烈照射，均易致病。受害果实多在果肩部或胴部出现斑点，不能正常着色并变为褐色，果肉变褐并坏死。有时周围出现红色晕圈或稍凹陷。

病果（王金友 摄）

# 11. 果锈病

生理病害，主要发生于金冠苹果。主要是由于幼果期果实受不良刺激（如暴风雨、喷药等）所致。果实从幼果期开始发病，在果面上形成褐色锈状斑并逐渐扩大，严重时布满整个果面。套优质果袋可减轻病害发生。

后期病果

果实膨大期受害

幼果受害状

## 12. 花脸病

由类病毒引起的一种传染性病害，主要在果实上显症，有些品种的苗木也有症状。感病果实有 3 种症状类型：锈果型，从病果的萼洼处向果面呈放射状出现 5 条褐色锈斑，每条锈斑与果实心室相对应；花脸型，病果开始着色后，在果面上出现近圆形或不规则形黄绿色斑块；混合型，两种类型混合出现。

花脸型病果

锈果型病果(王国平 摄)

# 13.褐斑病 *Marssonina mali*

主要危害叶片。被害叶片有3种类型：同心轮纹形，病斑暗褐色，周缘有绿色晕圈，后期在病斑上产生黑色小点，排列成同心轮纹状；针芒形，病斑小、形状不规则、褐色或暗褐色，呈放射状向外扩展；混合型，有同心轮纹形和针芒形两种病斑，病斑较大、近圆形或不规则形、褐色或暗褐色。

叶片生长中后期，三种类型的病斑均可导致叶片变黄或干枯。雨水多的年份发病重，树冠郁闭、通风透光不良的果园发病重。用药防治不及时也可造成病害流行、提早落叶。

后期落叶状

前期症状

针芒形病叶(王克　摄)

轮纹型病叶

混合型病叶

## 14. 斑点落叶病 *Alternaria mali SS*

主要危害叶片，也可危害果实。首先在嫩叶上显症，病叶初期产生褐色至深褐色圆形斑点，周围有紫褐色晕圈。夏季高温季节，病斑增多、扩展迅速，可形成较大病斑，使叶片扭曲皱缩、边缘干枯、提早脱落。果实染病后，果面上产生深褐色圆形斑点，病斑稍凹陷，周围有红色晕圈。

果实受害状

病叶前期症状

后期症状

# 15. 轮斑病 *Alternaria mali*

主要危害叶片。病斑多分布在叶片边缘，有时也出现在叶片中脉附近。病叶初期出现褐色小斑点，逐渐扩大成褐色病斑，其上有颜色深浅相间的轮纹。有时数个病斑连在一起，形成不规则的大病斑，叶片边缘枯焦、提早脱落。天气潮湿时，病斑背面产生墨绿色霉状物。

病叶前期症状

病叶后期症状

## 16. 灰斑病 *Phyllosticta pirina*

主要危害叶片。叶片感病后出现针头状褐色小点，逐渐扩大成圆形病斑，直径2～6毫米、灰色或灰褐色，病健交界处常有深褐色晕圈。叶片生长后期，病斑上产生深褐色小粒点。

病叶前期症状

病叶后期症状

# 17. 白粉病 *Podosphaera leucotricha*

危害叶片、新梢、花器、幼果和休眠芽。新梢感病，节间缩短、叶片细弱；被害花丛，花瓣狭长、颜色淡绿、花蕊畸形不能授粉；叶片受害，畸形皱缩、生长缓慢，后期叶缘枯焦；果实发病后，在萼洼处产生白色粉斑，后期形成网状锈斑。病部均出现白粉状物。

花丛受害

白粉状霉层

新梢受害

# 18.花腐病 *Monilinia mali*

危害叶片、花、幼果和嫩梢。叶片初期先在叶尖或边缘出现圆形褐色斑点，逐渐扩展到整个叶片及叶柄，导致病叶萎蔫；花蕾受害后变褐枯萎，逐渐腐烂干缩；幼果受害后在果面形成水渍状褐色圆形病斑，有时溢出褐色黏液，病斑逐渐扩大至全果，导致幼果腐烂、脱落。

幼果受害状(王克 摄)

花受害状(王克 摄)

# 19. 锈　病 *Gymnosporangium yamadae*

危害叶片、新梢和幼果。叶片受害后，在正面出现橘黄色、有光泽的小斑点，逐渐扩大为橙色近圆形病斑，病斑中央出现橘红色小点。潮湿时，从小点中溢出黄色黏液。病斑生长后期，正面凹陷、背面隆起，长有灰白色至黑色刺毛状物（锈孢子器）。幼果多从萼洼处表现症状，后期在病斑上长出刺毛状物。病菌在桧柏树上越夏越冬，春季天气潮湿时，产生胶质菌瘿。

病　斑

病斑背面(王国平　摄)

## 20. 小叶病

生理性病害，由于果树生长过程中缺少微量元素锌所致，症状主要发生在新梢和叶片上。病枝发芽迟缓，幼叶小而狭长、质地硬脆、叶缘向上卷曲，严重时叶片丛生、枝条枯死。病枝上不易形成花芽，果实小且呈畸形。

成龄树受害

枝条受害状

# 21. 黄叶病

生理性病害，由于果树生长缺少微量元素铁所致。症状主要表现在新梢叶片上，愈往顶端症状愈重。病叶初期黄化，逐渐变为黄白色，严重时叶片边缘枯焦，有时整个叶片干枯，但叶脉呈绿色。果树缺铁后，生长受到抑制。

幼树受害状

新梢受害状

# 22. 花叶病

由病毒侵染所致。症状主要表现在叶片上，有5种类型：即斑驳型、环斑型、花叶型、条斑型和镶边型，常见的是花叶型和条斑型。花叶型为鲜黄色至黄白色，大小不规则，有时病斑连成片；条斑型主要表现为沿叶脉失绿，病斑呈黄白色，严重时叶缘枯焦。这两种类型的花叶病均可导致落叶。

花叶型

条斑型

# 苹果病害的防治

| 物候期 | 病害类别 | 发生（为害）特点 | 防治方法 |
| --- | --- | --- | --- |
| 休眠期（11月至翌年2月份） | 腐烂病 | 病菌在树的病皮内越冬，或以菌丝在病疤的木质部越冬 | ①清除落叶、病果并集中处理。②刮除腐烂病病斑并涂抹药剂，可用2.12%腐殖酸铜（843康复剂）原液、5%菌毒清水剂50倍液、25%培福朗水剂250～500倍液。防治干腐病可直接在病疤上划痕涂药。③刮除轮纹病病瘤，然后涂50%多菌灵可湿性粉剂50倍液，也可涂腐烂病防治药剂。④在果树发芽前可喷施3～5波美度石硫合剂，在树冠及树干处均匀喷洒 |
| | 干腐病、轮纹病 | 病菌在病组织内越冬 | |
| | 炭疽病 | 病菌在病枯枝、僵果处越冬 | |
| | 斑点落叶病、褐斑病、轮斑病 | 病菌主要在病叶或枝条病斑处越冬 | |
| | 白粉病 | 病菌在芽鳞间或鳞片内越冬 | |
| | 病毒病 | 在果树生长季表现症状 | 栽植脱毒苗木，挖除病树，以防传染 |
| 萌芽至开花期（3～4月份） | 腐烂病 | 天气潮湿时，病斑处树皮变软、病斑扩展 | 加强田间检查，发现病斑及时刮治 |
| | 干腐病 | 天气潮湿时，病斑处流出黑色液体 | |

| 物候期 | 病害类别 | 发生（为害）特点 | 防治方法 |
| --- | --- | --- | --- |
| 萌芽至开花期（3～4月份） | 白粉病 | 在芽鳞中越冬的菌丝开始产生分生孢子，侵染新芽 | 在芽初绿时用45%硫悬浮剂200倍液或15%三唑酮可湿性粉剂1500倍液或12.5%烯唑醇可湿性粉剂2000～2500倍液喷雾 |
| | 根腐病等烂根病 | 病菌在土中越冬，侵染生长势衰弱的果树。果树发芽后，病树枝干枯萎，甚至死亡 | 剪除烂根，对未腐烂的病根要刮治病斑（方法同腐烂病），然后选用0 5～1波美度石硫合剂、70%甲基托布津可湿性粉剂1500倍液、50%退菌特可湿性粉剂800倍液灌根 |
| | 锈　病 | 病菌在桧柏树上越冬，春季潮湿天气产生的担孢子，侵染苹果树嫩芽 | 开花前选用15%三唑酮可湿性粉剂1500倍液、12.5%烯唑醇可湿性粉剂2000倍液、70%甲基托布津可湿性粉剂800倍液、0.3～0.5波美度石硫合剂喷雾 |

| 物候期 | 病害类别 | 发生（为害）特点 | 防治方法 |
|---|---|---|---|
| | 花腐病 | 在病果中越冬的病菌产生子囊孢子，侵染花芽 | 开花前选用0.5波美度石硫合剂、50%多菌灵可湿性粉剂800倍液、65%代森锰锌可湿性粉剂500倍液喷雾 |
| 落花至幼果期（5～6月份） | 白粉病 | 在芽鳞中越冬的病菌产生的分生孢子，侵染嫩叶和幼果 | 在落花达70%和落花后10天左右，选用15%三唑酮可湿性粉剂1500倍液、40%氟硅唑（福星）乳油8000倍液、70%甲基托布津可湿性粉剂800倍液喷雾 |
| | 花腐病 | 病叶上产生的分生孢子侵染花器和幼果，田间出现叶腐和花腐症状 | 在盛花后期用70%甲基托布津可湿性粉剂1000倍液或50%多菌灵可湿性粉剂800倍液喷雾 |
| | 锈　病 | 被侵染的幼叶、嫩梢或幼果显症 | 在苹果落花后，及时喷药防治。药剂同上 |

| 物候期 | 病害类别 | 发生（为害）特点 | 防治方法 |
|---|---|---|---|
| 落花至幼果期(5～6月份) | 霉心病 | 在田间越冬的病菌产生分生孢子侵染花器。苹果开花后，病菌在花瓣、雌蕊、雄蕊上繁殖，由萼筒侵入幼果心室 | 苹果初花期，用10%多氧霉素可湿性粉剂1500倍液喷雾；在落花后7～10天，选择下列农药喷雾：50%多菌灵可湿性粉剂600倍液、70%甲基托布津可湿性粉剂800倍液、80%代森锰锌可湿性粉性剂600～800倍液。果实套袋前喷药3～4次 |
| | 轮纹病 | 落花后10天左右，在病瘤内越冬的病菌产生分生孢子，侵染新梢和幼果 | 苹果落花后10～15天，可选用50%多菌灵可湿性粉剂600倍液、70%甲基托布津可湿性粉剂800倍液、80%代森锰锌可湿性粉剂600～800倍液喷雾。果实套袋前喷药3～4次 |
| | 炭疽病 | 越冬病菌的分生孢子直接侵染幼果 | 防治轮纹病时可以兼治 |
| | 黑点病 | 苹果开花后，病菌分生孢子侵染幼果。果实套袋后，病菌在果实上繁殖 | 苹果落花后7～10天开始喷药，在套袋前喷药3～4次。常用药剂与防治苹果轮纹病相同 |

| 物候期 | 病害类别 | 发生（为害）特点 | 防治方法 |
|---|---|---|---|
| 落花至幼果期（5～6月份） | 苦痘病 | 苹果坐果后3～6周，是果实吸收钙的高峰期，易发病显症 | 苹果落花后20天左右，对果树喷施以下钙肥：0.3%氯化钙或0.3%硝酸钙溶液。间隔7～10天喷1次，共喷3～4次 |
| | 斑点落叶病 | 潮湿天气，越冬病菌分生孢子侵染幼叶。5月上中旬至6月下旬开始出现病叶 | ①斑点落叶病发生重的果园，应从苹果落花后10天左右开始喷药。常用药剂有：10%多氧霉素可湿性粉剂1000～1500倍液、3%多抗霉素可湿性粉剂300～500倍液、50%扑海因可湿性粉剂1000～1500倍液。这些药剂可兼治苹果轮斑病和灰斑病②褐斑病发生重的果园，于病害发生初期喷药。常用药剂有：50%多菌灵可湿性粉剂600～700倍液、70%甲基托布津可湿性粉剂700～800倍液、50%百菌清可湿性粉剂700～800倍液、80%代森锰锌可湿性粉剂800倍液 |
| | 褐斑病 | 苹果落花后，病菌的分生孢子侵染叶片，雨水早而勤时发病重。一般6月中旬至下旬开始显症 | |
| | 轮斑病 | 从苹果落花后开始，病菌的分生孢子开始侵染幼叶，5月份即出现病叶 | |

| 物候期 | 病害类别 | 发生（为害）特点 | 防治方法 |
|---|---|---|---|
| 落花至幼果期（5～6月份） | 小叶病 | 病树新叶异常窄小且节间短 | 落花后，对果树喷施0.3%硫酸锌和0.3%尿素混合液 |
| | 黄叶病 | 在苹果新梢生长期，叶片黄化 | 对树喷施0.3%～0.5%硫酸亚铁和0.3%尿素混合液。间隔15天喷1次，共喷3～4次 |
| 果实膨大期（7～8月份） | 轮纹病 | 此时是病菌侵染高峰，8月中旬以后逐渐降低。田间出现大量病果 | 每隔10～15天喷1次药。常用药剂除上述种类外，在雨季喷施0.5%倍量式波尔多液（硫酸铜0.5、生石灰1～1.25、水100）3～4次。波尔多液与有机合成杀菌剂交替使用，有助提高防治效果 |
| | 炭疽病 | 此时病菌进入侵染高峰。从7月中旬开始出现病果，8月中下旬为发病高峰期 | |
| | 斑点落叶病 | 从7月份开始，病害进入发病盛期。高温多湿，病害易重，8月份会出现落叶现象 | 秋梢病叶率达到50%左右时，要及时喷药，使用药剂与上期相同，共喷1～2次即可 |

| 物候期 | 病害类别 | 发生（为害）特点 | 防治方法 |
| --- | --- | --- | --- |
| 果实膨大期（7～8月份） | 褐斑病 | 从7月份开始，进入发病盛期。此时会出现大量病叶，8月下旬即有落叶现象 | 进入雨季要及时喷施0.5%倍量式波尔多液，还可喷施其他杀菌剂（同前期） |
| | 裂果病 | 多由干旱后突然降雨所致 | 干旱时及时灌水，要小水勤灌或在树下铺草或压绿肥，可改善土壤墒情 |
| 果实成熟前期至落叶期（9～10月份） | 轮纹病、炭疽病 | 被害果显症，严重时出现落果 | 9月上中旬以后不再单独喷药防治，及时处理落地病果 |
| | 日　灼 | 果实摘袋后遇强光照射所致 | 果实采收前20～30天摘去外层袋，4～7个晴天后再除去内层袋。如果一次除袋，应在傍晚或上午9点以前或多云天气进行，避免阳光直射果实 |

| 物候期 | 病害类别 | 发生（为害）特点 | 防治方法 |
|---|---|---|---|
| 果实成熟前期至落叶期（9～10月份） | 多种病害 | 果实采收后树体衰弱，易诱发多种病害；多种越冬病菌共同侵染 | ①果实采收后，及时足量施用有机肥。以增强树体的抗病性。②及时清除落叶。③疏除密枝，改善树冠内通风透光条件 |

注：表中所述农药，初次使用须先做试验，避免产生药害。

## 1. 桃蛀果蛾 *Carposina niponensis*

又称桃小食心虫，成虫体长约7毫米，灰褐色。触角丝状。前翅近中部靠前缘有1个蓝黑色近三角形的大斑，后翅灰色。初孵幼虫黄白色，老熟幼虫桃红色，冬茧圆形、稍扁、质地紧密，长约6毫米，幼虫在其中越冬。夏茧纺锤形、质地较松散，幼虫在其中化蛹。

幼虫蛀果为害。果面出现针头大小的蛀孔，有泪珠状汁液流出，干后呈白色蜡状。幼虫在果内串食，虫粪留在果内。果实内部呈“豆沙馅”状。被害果生长发育不良，形成凹凸不平的“猴头果”。

老熟幼虫

成 虫

幼虫蛀果状

果实被害状

## 2. 梨小食心虫 *Grapholitha molesta*

成虫体长6～7毫米，翅展13～14毫米，体灰褐色。触角丝状。前翅前缘有8～10条白色斜纹，外缘有10个小黑点，翅中央偏外缘处有1个小白点。低龄幼虫黄白色，老熟幼虫淡黄白色或粉红色，蛹黄褐色，长纺锤形。

幼虫为害新梢和果实。新梢髓部被蛀空，端部叶片萎蔫，逐渐干枯折断。幼虫在果核周围蛀食，并排粪于其中，有时果面有虫粪，被害果易脱落。老熟幼虫从被害梢或果实内出来结茧化蛹。

幼虫

蛹

成虫

## 3. 苹果小卷蛾 *Laspeyresia pomonella*

又称苹果囊蛾。成虫体长约8毫米，翅展19～20毫米，灰褐色、有紫色光泽。前翅外缘臀角处有一个明显的圆形深褐色大斑块。初孵幼虫白色，逐渐变为淡红色至红色。老熟幼虫体长约16毫米，头部黄褐色，腹部红色。幼虫只为害果实，不卷叶为害。主要分布在我国新疆等地，是国内的重要检疫对象。

成 虫

幼 虫

果实被害状

## 4. 苹果小食心虫 *Grapholitha inopinata*

又称东北小食心虫。成虫体长5毫米左右，暗褐色、稍带紫色光泽，体翅上的鳞毛较细。前翅前缘具有7～9组白色短斜纹，近外缘处有数个黑色小点。初孵幼虫黄白色。老熟幼虫桃红色，体长6～10毫米。蛹体长5毫米左右、黄褐色、外面包一层薄茧。幼虫蛀果为害，在果皮下串食果肉，不蛀入果心。

蛹和茧

成虫

越冬幼虫

果实被害状

# 5.棉铃实夜蛾 *Heliothis armigera*

又称棉铃虫。成虫体长15～18毫米，翅展35毫米左右。触角丝状，复眼绿色。前翅黄褐色或青灰色，内横线为双线、褐色。老熟幼虫体长30～40毫米。幼虫体色变化较大，有绿色、淡绿色、黄白色、灰褐色等。幼虫主要为害果实，将果实咬成孔洞，钻入其中取食果肉，但不在果实内生活。低龄幼虫取食嫩叶。

成 虫

幼 虫

蛹

## 6. 玉米螟 *Ostrinia furnacalis*

又称玉米钻心虫，成虫体长12～15毫米，土黄色、头小，下唇须向前伸，触角丝状，翅较大。老熟幼虫体长20～30毫米，头壳深棕色。体淡红色或黄白色，背线、亚背线和气门上线为浅褐色。幼虫在果实膨大期为害果实，在果肉中串食形成蛀道。受害果表面有明显的蛀孔，常堆有褐色虫粪。

成虫

果实被害状

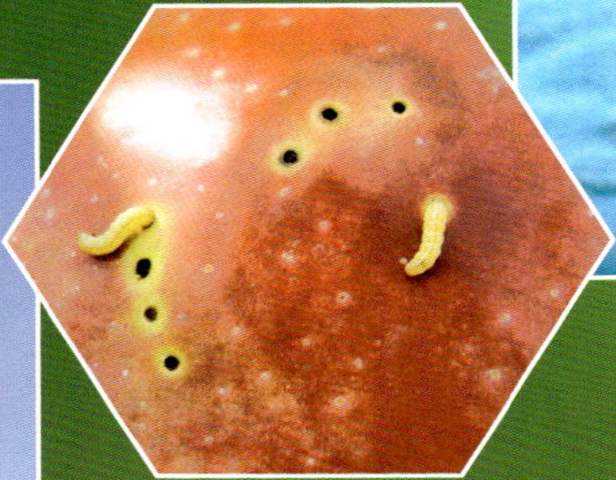

幼虫为害果实(外观)

# 7. 康氏粉蚧 *Pseudoccocus comstocki*

雌成虫无翅，体长3～5毫米，略呈椭圆形、扁平、粉红色。体节明显，体外被白色蜡粉，腹部末端有1对蜡刺，形似尾状。雄成虫体长约1毫米，紫褐色，有1对翅。若虫淡黄色，椭圆形、扁平，形似雌成虫。成虫和若虫群集于果实萼洼处刺吸汁液，被害处出现许多褐色圆点，其上附着白色蜡粉。

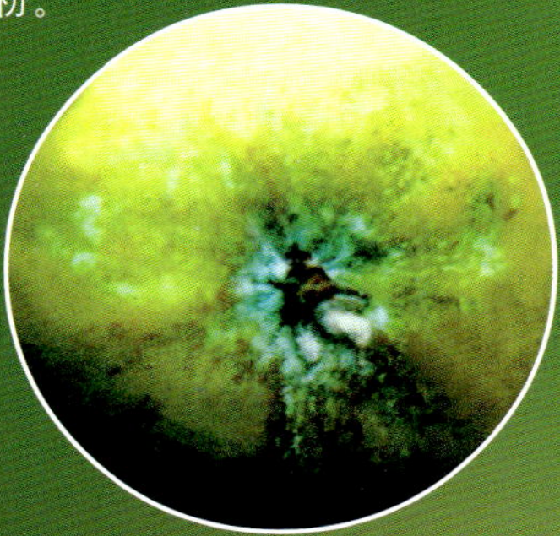

果实被害状

若 虫

## 8. 绿盲蝽 *Lygus lucorum*

成虫体长5～5.5毫米，黄色至浅绿色。触角比身体略短、小盾片和前翅革质部分绿色，膜质部分暗灰色。若虫体粗短、绿色或黄色，似成虫。若虫和成虫刺吸果树嫩叶和幼果。被害叶逐渐穿孔、破碎。果实被害处生长停止，出现凹陷斑点或斑块。

成虫

幼果被害状

幼叶被害状

## 9. 苹果瘤蚜 *Myzus malisuctus*

又称苹果卷叶蚜。无翅胎生雌蚜体长约1.5毫米，暗绿色；有翅胎生雌蚜体长约1.6毫米。头、胸部黑色，额瘤明显，复眼、触角均黑色。腹部暗绿色。若虫浅绿色，体形与无翅雌蚜相似。卵墨绿色、有光泽，主要在一年生枝条芽的两侧越冬。蚜虫主要为害新梢嫩叶，受害叶片从边缘向叶背纵卷，严重时呈绳状。

越冬卵

幼叶受害状

## 10. 绣线菊蚜 *Aphis citricola*

又称苹果蚜或苹果黄蚜。无翅胎生雌蚜体长约1.5毫米，黄色或黄绿色，头淡黑色，复眼黑色，腹管和尾片均为黑色。有翅胎生雌蚜头、胸、腹管和尾片均为黑色。腹部绿色或淡绿色，两对翅透明。若虫鲜黄色，复眼、触角、足和腹管均为黑色。有翅若蚜生长后期在胸部两侧长出翅芽。

若蚜和成蚜群集在新梢上和叶片背面为害，被害叶有时向背面横卷。发生严重时，新梢叶片上布满蚜虫，虫口密度大时还可为害果实。

新梢被害状

春季若蚜(绿色)

幼果被害状

有翅成蚜

夏季若蚜(黄色)

## 11. 黑玛绒金龟 *Serica orientalis*

黑玛绒金龟成虫

成虫近卵圆形，体长6～9毫米，宽3.4～5.5毫米，黑褐色或棕褐色，有丝绒光泽。成虫为害果树花芽、花蕾和幼叶，严重时可将全株叶片、花芽吃光。

## 12. 小青花金龟 *Oxycetonia jucunda*

小青花金龟成虫

成虫体长约13毫米，暗绿色，前翅背面散生白色或黄色大小不等的斑块。腹面黑褐色，密生黄色短绒毛。成虫为害花蕾和叶片，有时将花蕊吃光，影响坐果。

## 13. 苹毛丽金龟 *Proagopertha lucidula*

成虫卵圆形，体长8.9～12.2毫米，宽5.5～7.5毫米，鞘翅茶色或黄褐色。腹部两侧有黄白色毛丛。幼虫在土中生活。成虫喜食花蕾、花瓣、花蕊和柱头，使受害花朵或叶片残缺不全。

苹毛丽金龟成虫

## 14. 铜绿丽金龟 *Anomala corpulenta*

成虫体长16～22毫米，铜绿色，头、前胸背板色泽较深，鞘翅色较淡而现铜黄色光泽，腹面乳黄色或黄褐色。成虫主要为害叶片，严重时仅留叶柄。

铜绿丽金龟成虫

## 15. 白星花金龟 *Potosia brevitarsis*

成虫体长20～24毫米，黑色，有深绿色或紫色闪光。前胸背板、鞘翅上密布大小不等的白斑或白点，有时白斑连在一起成较大的斑块。成虫为害花器和幼叶，也可为害近成熟或有伤口的果实。

白星花金龟成虫

## 16. 日本大灰象 *Sympiezomias lewisi*

成虫体长7～12毫米，灰色至灰黑色。复眼黑色，椭圆形。触角着生于头管前端。头管表面有3条纵沟，中间有一条黑色带。前胸两侧略呈圆形，背面中央有一条纵沟。鞘翅灰褐色，上有10条纵沟，并有不规则的斑纹。成虫为害芽、叶片和嫩枝，产卵于叶片上，幼虫孵化后在土中生活。

日本大灰象成虫

## 17. 蒙古土象 *Xylinophonus mongolicus*

成虫体长4～7毫米，略呈长椭圆形，灰色，头管短，中沟细。头管和前胸背面有褐色晕斑，前翅内缘有褐色斑块，两鞘翅合并在一起形成褐色大斑，前呈方形，后面较窄。

蒙古土象成虫

## 18. 棉褐带卷蛾 *Adoxophyes orana*

成虫体长6～8毫米，翅展13～23毫米，淡棕色或黄褐色。触角丝状，下唇须向前延伸。前翅自前缘向后缘有2条深褐色斜纹。卵扁平、淡黄色，数十粒排列成鱼鳞状卵块。老熟幼虫体长13～15毫米，淡绿色或翠绿色。

幼虫为害叶片和果实。幼虫吐丝将2～3片叶连缀一起为害，将叶片吃成缺刻或网状。被害果表面呈现形状不规则的小坑洼，果、叶相贴时受害较多。蛹体长9～11毫米、黄褐色。腹部第二至第七节各节背面有两行小刺。

果实受害状

成 虫

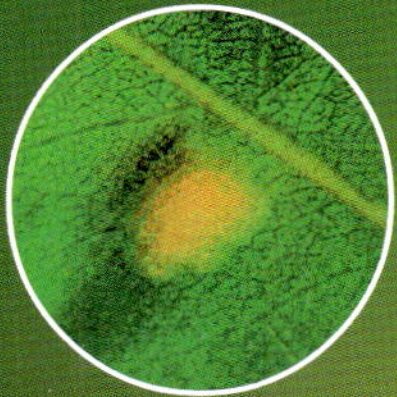

卵

蛹

幼虫为害叶片状

## 19. 黄色卷蛾 *Choristoneura longicellana*

又称苹果大卷叶蛾。成虫体长11～13毫米，翅展19～34毫米，黄褐色或暗褐色，前翅近基部1/4处和中部自前缘向后缘有2条浓褐色斜宽带。幼虫黄绿色，老熟时呈深绿色稍带灰白色，头和前胸背板黄褐色，前胸背板后缘黑褐色。幼虫为害叶片和果实。老熟幼虫在卷叶内化蛹。蛹体长10～13毫米，红褐色。

果实受害状

成虫

幼虫

蛹

## 20. 苹果褐卷叶蛾 *Pandemis heparana*

成虫体长8～10毫米，翅展18～25毫米，棕黄色。前翅基部褐色，中部有1条自前向后的褐色宽带，翅上有多条褐色横纹。初孵幼虫白色，老熟幼虫体长18～20毫米，头近方形，腹部深绿色稍带白色。蛹长11～12毫米，初为黄褐色，渐变为深褐色。幼虫为害叶片和果实。

果实被害状

幼 虫

蛹

成 虫

## 21. 黄斑长翅卷蛾 *Acleris fimbriana*

又称黄斑卷叶蛾。成虫体长7～9毫米，翅展17～20毫米，触角丝状，与体同色。冬型成虫灰褐色，夏型成虫前翅金黄色、散生银白色鳞片。幼虫黄绿色，头和前胸背板漆黑色。蛹黑褐色，头顶有一个向背面弯曲的突起。幼虫为害叶片。

幼 虫

冬型成虫(王洪平 摄)

夏型成虫

蛹

## 22. 芽白小卷蛾 (*Spilonota lechriaspis*)

又称顶梢卷叶蛾。成虫体长6～8毫米，翅展13～15毫米，银灰色，前翅基部1/3处有较大的褐色斑纹，近臀角处有1个近似三角形的褐色斑块。初孵幼虫乳白色，老熟幼虫污白色，头、前胸背板和胸足均为漆黑色。蛹体长约6毫米，黄褐色，腹部末端有8根钩状刺。

幼虫仅为害新梢叶片，将新梢顶端的几个叶片卷在一起，吐丝与叶片绒毛制成虫室，潜伏其中，外出取食。被害新梢的顶芽生长停止。越冬虫苞冬季不脱落。

夏季新梢被害状

成虫

越冬幼虫

夏季幼虫

蛹

## 23. 金纹细蛾 *Lithocolletis ringoniella*

又称苹果细蛾。成虫体长2.5～3毫米，翅展6.5～7毫米，全身金黄色，头部银白色，复眼黑色，前翅翅端有银白色放射状纹。幼虫体长约6毫米，黄绿色至黄色、稍扁，各体节分节明显。蛹长约4毫米，黄褐色。幼虫潜叶为害。被害叶片上形成椭圆形的虫斑，表皮皱缩呈筛网状，叶面拱起。

幼虫

成虫

蛹

## 24. 旋纹潜蛾 *Leucoptera scitella*

又称苹果潜叶蛾。成虫体长2～2.5毫米，翅展6～6.5毫米，体和前翅银白色，头顶丛生粗毛。触角丝状，银白色、稍带褐色。前翅狭长，翅端半部橙黄色，外缘和内缘具缘毛。老熟幼虫体长约5毫米，体型略扁，头黄褐色、较大，胴部各节间较细，略呈念珠状。幼虫潜叶为害，呈旋转形取食，并将虫粪排泄其中，形成黑色轮纹。被害处干枯，形似病斑。病叶提早脱落。

叶片受害状

## 25. 黑星麦蛾 *Telphusa chloroderces*

又称苹果麦蛾。成虫体长5～6毫米，翅展约16毫米，灰褐色、有光泽。前翅靠近前缘1/3处有1个淡黑褐色斑。老熟幼虫淡紫红色，体长10～11毫米、细长。头、臀板和臀足褐色，前胸背板黑褐色，胴部背面有黄白色相间的纵线。 蛹长约6毫米、长卵形、红褐色。幼虫吐丝连缀叶片取食叶肉，仅留表皮和叶脉，被害叶呈网状枯焦。

为害状

成虫

幼虫

蛹

## 26. 苹果巢蛾 *Yponomeuta padella*

成虫体长9～10毫米，翅展19～22毫米，白色、有丝质光泽。触角丝状，复眼黑色。中胸背板和前翅上密布小黑点。老熟幼虫长约18毫米，灰褐色，体节两侧各有1个较大的黑点。蛹体长6～11毫米，黄褐色，外被白色薄茧。幼虫常将2～3片嫩叶卷在一起，取食叶肉，被害叶叶尖干枯。大龄幼虫吐丝拉网做巢，潜伏巢中取食叶肉。

幼虫吐丝做巢

幼虫

成虫

## 27. 舞毒蛾 *Lymantria dispar*

新梢被害状

又称秋千毛虫。成虫体长20～25毫米，翅展45～75毫米，雌虫污白色、微黄，触角双栉齿状，翅上有褐色波状纹和斑点，腹末有黄褐色毛丛。雄虫褐色，触角羽毛状，翅上有褐色波状纹。幼虫头淡褐色，背面有一明显的“八”字形黑纹。身体两侧有毛瘤，其上生有长毛。幼虫为害叶片。

雌成虫及卵

雄成虫

蛹

幼虫

# 28. 古毒蛾 *Orgyia antigua*

又称褐纹毒蛾。雌成虫体长约14毫米，翅退化、污白色、被绒毛。雄成虫体长约12毫米、黄褐色。触角长栉齿状。前翅臀角附近有一半月形白斑。老龄幼虫体长约35毫米、黄色，前胸侧面和腹面第八节背面各有一束黑色长毛。腹部第1～4节背面各有一黄白色刷状毛丛。蛹纺锤形，浓褐色，蛹外被灰黄色丝质虫茧。幼虫为害叶片。

为害状

雄成虫和卵

老熟幼虫

雌成生和茧

## 29. 角斑古毒蛾 *Orgyia gonostigma*

又称赤纹毒蛾。雌成虫体长10～12毫米，长椭圆形、灰黄色、无翅。雄成虫体长8～10毫米、灰褐色。触角羽毛状。前翅红褐色，后缘角有一新月形白斑。卵长约0.8毫米，近似馒头状，灰黄色。幼虫体长约40毫米，前胸两侧和腹部第八节背面各有一束黑色长毛，第1～4腹节背面中央各有一黄灰色短毛刷。蛹长约11毫米，灰色或黑褐色，外包丝质虫茧。幼虫为害叶片和果实。

受害状

雄成虫

雌成虫及卵

老熟幼虫

蛹

## 30. 盗毒蛾 *Porthesia similis*

又称金毛虫。成虫体长14～16毫米、翅展35～45毫米，体白色，复眼黑褐色，触角羽状。雌虫前翅有1～2个黑褐色斑纹。腹部末端有金黄色毛丛。卵数十粒聚集呈块状，上被絮状绒毛。卵扁圆形，橘黄色或淡黄色，孵化前变为黑色。

老熟幼虫体长约40毫米。头黑褐色，身体杏黄色，有红色毛瘤，背线红色。幼虫为害花和叶片，严重时可将叶片吃光，老熟后结薄茧化蛹。蛹长约13毫米，长圆筒形，黄褐色至褐色，体被黄褐色稀疏绒毛。

幼虫为害幼果

幼虫为害叶片

蛹

成虫

卵

# 31. 美国白蛾 *Hyphantria cunea*

成虫体长12～17毫米，翅展30～40毫米，白色。雄虫触角双栉齿状，黑色。前翅有或多或少的黑色斑点。雌虫触角锯齿状，前翅翅面很少有斑点。卵近球形，数百粒单层排列于叶片背面。初孵幼虫黑色，吐丝结网，群集为害。4龄以后的幼虫分散为害。老熟幼虫体长28～35毫米、头黑色，身体具橙黄色毛瘤，上生有灰白色长毛。

成 虫

卵

老龄幼虫

低龄幼虫为害状

## 32. 梨叶斑蛾 *Illiberis pruni*

又称梨星毛虫。成虫体长10～12毫米，灰黑色。雄虫触角双栉齿状，雌虫为锯齿状。翅黑色、半透明，翅面有细短毛，翅缘浓黑色。卵长约0.7毫米，扁椭圆形，数十粒排列成块。初孵幼虫淡紫色，老熟幼虫体长约18毫米，黄白色，体两侧各有10个圆形黑斑，排成一列。蛹体长约12毫米，黄白色至黑褐色。幼虫为害花芽和叶片。

成虫

卵

蛹

老熟幼虫

## 33. 苹梢鹰夜蛾 *Hypocala subsatura*

又称苹果梢夜蛾。成虫体长18～20毫米，翅展34～38毫米。前翅正面紫褐色，外缘线和亚缘线棕色。后翅臀角处有2个黄色圆斑。卵半球形，直径约0.3毫米，淡黄绿色至棕褐色，有放射状纵脊。老熟幼虫体长30～35毫米、光滑，毛稀而柔软，头黄褐色，体淡绿色，两侧各有1条淡黑色纹。蛹体长14～17毫米，红褐色至深褐色。幼虫为害叶片，也可蛀食幼果。

成虫

蛹

幼虫为害状

# 34. 毛翅夜蛾 *Lagoptera juno*

又称木槿夜蛾。成虫体长35～45毫米，翅展90～106毫米。头胸部赤褐色至黄褐色，胸部腹面土红色。复眼大、球形、呈暗褐色。触角丝状。前翅灰黄色至褐色，有褐色横纹，中部有一个黑斑。卵圆球形，初期白色，渐变为黑褐色。幼虫体长70～80毫米，茶褐色至深褐色，第五腹节背面有一个眼状斑，腹足和胸足发达。蛹体长36～40毫米，褐色至深褐色。幼虫为害叶片。

成 虫

蛹

老熟幼虫

## 35. 桃剑纹夜蛾 *Acronyctia incretata*

又称苹果剑纹夜蛾。成虫体长18～22毫米，灰褐色，前翅有3条与翅脉平行的黑色剑状纹，基部的1条呈树枝状，端部2条平行，外缘有1列黑点。老熟幼虫体长约40毫米，头黑色。体背有1条橙黄色纵带，各节有2个黑色毛瘤，生有长毛。幼虫为害叶片。

成 虫

老熟幼虫

# 36.梨剑纹夜蛾 *Acronyctia rumicis*

成虫体长约14毫米，触角丝状，头、胸部棕灰色，前翅灰褐色，外缘有一列黑斑。幼虫体长约33毫米，头黑色，体褐色，具大理石样花纹，背面有一列黑斑，中央有橘红色点。毛瘤较大，生褐色长毛。幼虫将叶片吃成孔洞、缺刻，严重时仅留叶柄。

成虫

蛹

老熟幼虫

## 37. 亚梨威舟蛾 *Wilemanus bidentatus bidentatus*

又称黑纹银天社蛾。成虫体长4～5毫米，头顶有白色长鳞毛。前翅银灰色，有褐色鳞片，前缘近顶角处有1个白斑。后翅缘毛长。卵椭圆形、淡绿色、半透明，稍扁平，表面有细小刻点。幼虫体长约10毫米，头尾两端稍细，头淡褐色，体两侧各有1条枣红色纹。蛹长约5.5毫米、黄褐色，外被梭形白色薄茧。幼虫为害芽和叶片。

成虫

低龄幼虫及为害状

老熟幼虫

# 38. 黄刺蛾 *Cnidocampa flavescens*

成虫体长13～16毫米，翅展30～40毫米，头、胸部黄色，复眼黑色，下唇须向上弯曲。前翅黄褐色，自顶角向后缘分出两条棕褐色细线。老熟幼虫长约25毫米，体背面有一大型紫褐色斑。虫体各节有4个枝刺，蛹为椭圆形，粗而短，黄褐色。茧为灰白色，表面光滑，有数条纵纹，外形极似鸟蛋。幼虫为害叶片。

成虫

幼虫及为害状

蛹

茧

## 39.扁刺蛾 *Thosea sinensis*

又称黑点刺蛾。成虫体长10～18毫米，翅展28～35毫米，暗灰褐色，触角羽毛状。前翅有1条向内倾斜的褐色条纹，中室上角有1个黑点。老熟幼虫体长21～26毫米，浅绿色，形似龟背状，背线灰白色。体两侧有肉瘤状突起，上生刺毛。幼虫为害叶片。老熟幼虫入土结茧化蛹越冬。

成虫(王洪平 摄)

幼虫及为害状

茧(王洪平 摄)

## 40. 双齿绿刺蛾 (*Latoia hilarata*)

又称波纹绿刺蛾。成虫体长9～11毫米，翅展23～26毫米，浅绿色，复眼褐色。前翅基部及外缘棕褐色，外缘部分的褐色线纹呈波状。幼虫体长17毫米，绿色或黄绿色。前胸背板有一对黑斑，各体节上有毛瘤，丛生粗毛。幼虫为害叶片，老熟后在树上结茧化蛹越冬。茧椭圆形、略扁平。

幼虫及为害状

茧(王洪平 摄)

成 虫

## 41. 黄褐天幕毛虫 *Malacosoma neustria testacea*

又称天幕毛虫。成虫体长17～32毫米，翅展32～40毫米，雌虫黄褐色，触角锯齿状，前翅中央有1条赤褐色斜宽带。雄虫黄白色。触角双栉齿状。前翅有2条紫褐色斜线。200～300粒卵紧密环绕在小枝上，形如“顶针”状。

低龄幼虫黑色，老熟幼虫头部蓝黑色，各体节背面有黑色毛瘤，上生黄白色长毛。初孵幼虫在卵块附近为害嫩叶，后移至小枝分杈处吐丝结网，白天潜伏，夜间取食。大龄幼虫逐渐离开网幕分散为害，常将叶片吃光。

雄成虫

雌成虫

卵及初孵幼虫

幼虫为害状

## 42. 苹掌舟蛾 *Phalera flavescens*

又称舟形毛虫。成虫体长22～25毫米，翅展49～52毫米。复眼黑色。前翅淡黄白色，近基部中央有1个、外缘有6个紫褐色椭圆形斑。低龄幼虫红褐色，老熟幼虫紫褐色，头黑褐色，有光泽。全身生黄白色细长软毛。幼虫为害叶片，常将叶片吃光。

老熟幼虫

成 虫

低龄幼虫吐丝下垂

## 43. 大窠蓑蛾 *Clania Variegata*

又称大蓑蛾。雌成虫体长25～27毫米，无足、无翅、形状似蛆。雄成虫有翅，灰褐色至黑褐色。初孵幼虫头黑色，以后变为黄褐色至黑褐色。幼虫取食叶片表皮并吐丝做囊，虫囊外表被碎叶包裹，幼虫潜伏其中，老熟后在其中化蛹。蓑囊随幼虫生长而增大。

幼虫

蓑囊

# 44. 绿尾大蚕蛾 *Actas selene ningpoana*

又称大水青蛾。成虫体长32～38毫米，翅展90～150毫米，豆绿色，触角羽状，头部、肩板基部和前翅前缘暗紫色，前后翅中央各有1个大型眼状透明斑。后翅臀角延长成尾状。卵扁圆形，常数十粒排列成块状。幼虫淡红褐色，后变为绿色，各节具毛瘤，其上生刺毛。幼虫为害叶片。

成虫

老熟幼虫

低龄幼虫

## 45. 梨冠网蝽 *Stephanitis nashi*

成虫体长3～3.1毫米，宽1.6～1.8毫米，黑褐色。复眼红色，前胸背板两侧有两片圆形环状突起。前胸背面及前翅布网状花纹，以两前翅中间接合处的“X”形纹最明显。初孵若虫白色，5龄若虫腹部黄褐色，体宽阔、扁平，体长约2毫米，有翅芽。卵椭圆形，长0.4～0.6毫米，初为淡绿色，后变为淡黄色。成虫和若虫为害叶片。

成虫及为害状(叶背面)

被害叶正面

# 46. 苹果全爪螨 *Panonychus ulmi*

又称苹果红蜘蛛。雌成螨体长约0.5毫米，近圆形，体背隆起，表面具明显的白色瘤状突起。体红色，取食后变为深红色。雄螨体长约0.3毫米、近卵圆形，稍扁，似洋葱，顶端生1根短毛。夏卵橘红色，冬卵深红色，幼螨体近圆形、3对足。若螨4对足，体背刚毛明显，体色较幼螨深，其他特征似成螨。主要为害叶片。

雌成虫(放大)

越冬卵

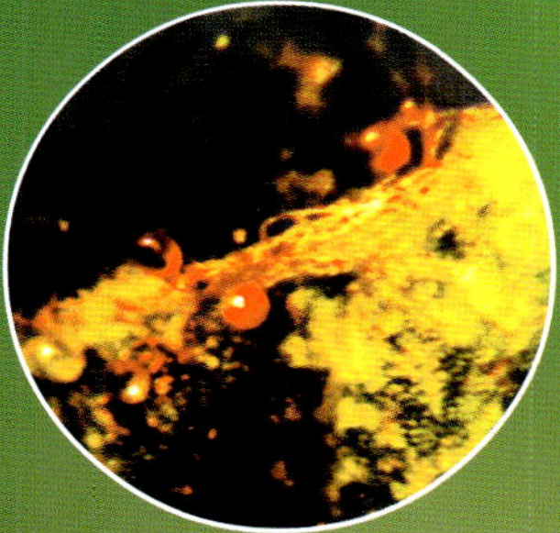

夏卵(放大)

叶片受害状

## 47. 山楂叶螨 *Tetranychus viennensis*

又称山楂红蜘蛛。雌成螨椭圆形，长约0.54毫米，宽0.28毫米，深红色，体背前端稍隆起。雄成螨体长0.43毫米，末端尖削，初期浅黄绿色，后变为浅绿色。卵淡黄色。初孵幼螨圆形，3对足，黄白色，取食后呈浅绿色。若螨4对足。成螨和幼若螨为害叶片。可造成叶片提前脱落。

越冬雌成螨

雌成螨(放大)

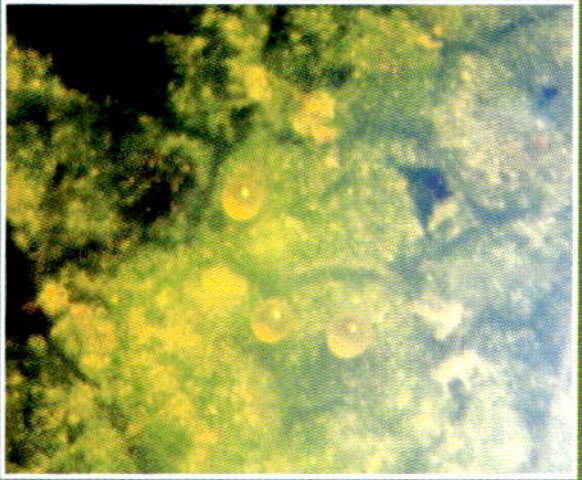

卵(放大)

夏季雌成螨

# 48. 二斑叶螨 *Tetranychus urticae*

又称白蜘蛛。雌成螨椭圆形，长约0.5毫米，灰绿色或黄绿色。体背两侧各有1个褐色斑块。越冬型雌成螨橙黄色，褐斑消失。雄成螨体呈菱形，黄绿色或淡黄色。卵淡黄色。幼螨黄白色，3对足。若螨黄绿色，体背显现褐斑，4对足。成螨和若螨为害叶片，可使叶片提前脱落。

二斑叶螨及卵（放大）

# 49. 苹果透翅蛾 *Conopia hector*

又称苹果小透羽蛾。成虫体长约12毫米，蓝黑色、有光泽，头后缘环生黄色短毛。触角丝状，翅透明，腹部第四、第五节后缘各有1条黄色横带，腹部末端具黄色毛丛。卵扁椭圆形，长约0.5毫米，乳白色至淡褐色。初孵幼虫乳白色。老熟幼虫体长约22毫米，头黄褐色，其余部分为乳白色至淡黄色。蛹体长约13毫米，黄褐色至黑褐色。幼虫在树干上蛀食木质部为害。

成虫

蛹

被害树干外部症状

幼虫为害状

# 50.苹果小吉丁 *Agrilus mali*

又称苹果吉丁虫。成虫体长6～9毫米，紫铜色，具金属光泽。头短而宽。复眼大、肾形。触角锯齿状，前胸背板略比头宽。腹部背板6节，蓝黑色、有光泽。鞘翅尖削，在近端部合拢处有2个不明显的浅黄色绒斑。卵椭圆形，长约1毫米，乳白色至黄褐色。老龄幼虫体长16～22毫米，体扁平、乳白色、头小、褐色，腹部末节有1对褐色齿状尾铗。幼虫蛀食枝干为害。

树枝受害状

成虫

幼虫

## 51. 星天牛 *Anoplophora chinensis*

又称白星天牛。成虫体长19～39毫米，宽6～13.5毫米，漆黑色、略带金属光泽，触角鞭状。雄虫触角超过体长1倍。鞘翅上约有40块白斑，基部密生颗粒。老熟幼虫体长45～67毫米，乳白色，头部黑褐色。幼虫先在皮层和木质部间为害，逐步向木质部蛀食，排出木屑和虫粪。

成 虫

幼虫为害状

# 52. 顶斑瘤筒天牛 *Linda fraterna*

又称苹果枝天牛。成虫体长11～17毫米，宽2～4毫米，长圆筒形。头、前胸背板、小盾片和体腹面均为橙黄色；触角、鞘翅和足黑色，触角第4～6节基部橙黄色。鞘翅狭长，前半部刻点粗大，后半部刻点细密。卵长椭圆形，长约2毫米，乳白色。老熟幼虫体长28毫米，橙黄色。蛹体长11～17毫米，淡黄色，头顶有1对突起。幼虫蛀入枝条为害。

被害枝外部症状

成　虫

枝条内的幼虫

新梢受害状

## 53. 苹果绵蚜 *Eriosoma lanigerem*

又称苹果绵虫。无翅胎生雌蚜体长约2毫米，红褐色。腹部背面覆盖白色绵毛状物。有翅胎生雌蚜有1对前翅、透明。头、胸部黑色，触角6节。腹部暗褐色，绵毛物稀疏。卵椭圆形，长约0.5毫米，初产时为橙黄色，渐变为褐色。若虫赤褐色，体表覆盖白色绵絮状物。

剪锯口处的越冬若虫

树皮缝处的越冬若虫

成虫和若虫群集在剪锯口、伤疤周围、主干、主枝裂皮缝、叶柄基部和根部为害。虫体被覆棉絮状物，易于识别。被害枝条出现小肿瘤、易破裂。有时果实萼洼、梗洼处也可受害。根部受害后形成肿瘤，致使根部坏死。

枝条受害状

蚜 群

## 54. 梨枝圆盾蚧 *Diaspidiotus perniciosus*

又称梨圆蚧。雌成虫无翅，体扁圆形、黄色，口器丝状，着生于腹面。体被灰色圆形介壳，直径约1.3毫米，中央稍隆起，壳顶黄色或褐色。雄虫有翅，体长约0.6毫米，翅展约1.2毫米。头胸部橘红色，腹部橙黄色，末端有剑状交尾器。初孵若虫体长约0.2毫米、淡黄色，触角、口器、足均较发达，但均在2龄后消失，并开始分泌介壳。雌成虫和若虫为害枝条和果实。

果实被害状

枝条被害状

## 55. 大青叶蝉 *Tettigella viridis*

俗称浮沉子。成虫体长7.5～10毫米，头黄褐色，头顶有2个黑点，触角刚毛状。前胸前缘黄绿色，其余部分深绿色。前翅绿色、革质，尖端透明；后翅黑色，折叠于前翅下面。身体腹面和足呈黄色。成虫以其锯状产卵器刺破枝条表皮产卵，产卵处呈月牙状突起。

枝条受害状

成虫

# 56. 蚱　蝉 *Cryptotympana atrata*

俗称知了。成虫体长44～48毫米，翅展约125毫米，黑色、有光泽，触角刚毛状，翅透明。雄虫腹部有2个耳形片状发音器。雌虫产卵器发达，产卵于枝条表皮下，卵粒排列整齐、梭形、乳白色。老熟若虫体长约25毫米、黄褐色，前足发达，在土中生活。

老熟若虫

成虫产卵(为害)状

成　虫

# 苹果害虫的防治

| 物候期 | 发生种类 | 发生（为害）特点 | 防治方法 |
|---|---|---|---|
| 休眠期（11月至翌年2月份） | 绣线菊蚜、苹果瘤蚜 | 以卵在芽腋、芽旁或树皮缝隙内越冬 | ① 清除落叶、落果及杂草并集中处理，消灭越冬虫态。②在封冻前深翻树盘，以20～30厘米为宜，将下层土翻到上层，可以消灭在土中越冬的害虫。③结合冬剪，剪除害虫为害的枝条和虫茧。④刮除树干上和剪锯口处的翘皮，减少害虫越冬场所。⑤在果树发芽前，喷3～5波美度石硫合剂，可以防治害螨和多种病害；在苹果全爪螨发生严重的果园，用95%机油乳油或99.1%敌死虫乳油、99%绿颖乳油100～200倍液喷雾，可防治在树上越冬的螨蚧及蚜类；用80%敌敌畏乳油或40%乐果乳油100～200倍 |
| | 苹果全爪螨 | 以卵密布在短果枝、果台基部等处越冬 | |
| | 山楂叶螨、二斑叶螨 | 受精雌螨在树干翘皮下、粗皮缝隙中、根颈处的粗皮下、杂草基部群集越冬 | |
| | 梨小食心虫、苹果小卷蛾、苹果小食心虫 | 老熟幼虫在树干、主枝和根颈等部位的粗皮缝隙内结薄茧越冬 | |
| | 桃蛀果蛾 | 老熟幼虫在土中结茧越冬 | |
| | 棉褐带卷蛾、苹褐卷蛾、芽白小卷蛾等 | 以2～3龄幼虫在剪锯口、翘皮下、树皮缝隙内或枝条顶端的被害虫苞内越冬 | |

| 物候期 | 发生种类 | 发生（为害）特点 | 防治方法 |
| --- | --- | --- | --- |
| 休眠期（11月至翌年2月份） | 黄刺蛾 | 以老熟幼虫在树上结硬茧越冬 | 液涂抹EE锯口及树皮缝隙处，可消灭在此越冬的幼虫和若虫 |
| | 盗毒蛾、古毒蛾、角斑古毒蛾、苹果绵蚜 | 以幼龄幼虫在树干粗皮缝隙内或落叶中越冬 | |
| | 舞毒蛾 | 以卵在树干、墙角等处越冬 | |
| | 梨叶斑蛾 | 幼龄幼虫在树干上结茧越冬 | |
| | 黑星麦蛾、金纹细蛾 | 以蛹在落叶、杂草丛、土石块下越冬 | |
| | 黄褐天幕毛虫 | 以完成胚胎发育的幼虫在卵内越冬 | |
| | 苹掌舟蛾、桃剑纹夜蛾、梨剑纹夜蛾等 | 以蛹在树冠下的土中越冬 | |

| 物候期 | 发生种类 | 发生（为害）特点 | 防治方法 |
| --- | --- | --- | --- |
| 休眠期（11月至翌年2月份） | 蚱蝉、大青叶蝉 | 以卵在被害枝条上越冬 | |
| | 康氏粉蚧 | 以卵在树干翘皮下、树皮缝隙内越冬 | |
| | 梨枝圆盾蚧 | 以2龄若虫和雌成虫在枝条上越冬 | |
| | 朝鲜球坚蜡蚧 | 以2龄若虫在枝条上和芽痕处越冬 | |
| 萌芽至开花期（3～4月份） | 绣线菊蚜、苹果瘤蚜 | 苹果萌芽期，蚜虫开始为害芽和叶片 | 用10%吡虫啉可湿性粉剂3000倍液或3%啶虫脒乳油2500倍液喷雾 |
| | 山楂叶螨 | 越冬雌成螨出蛰后爬到芽上为害，逐渐转移到幼叶上为害并产卵繁殖 | 用50%硫悬浮剂200～400倍液喷雾或用15%哒螨灵乳油2000倍液喷雾 |
| | 二斑叶螨 | 在树体上越冬的雌成螨出蛰后为害芽和幼叶；在树下或杂草中越冬的雌成螨在树干的分蘖处或杂草上繁殖为害 | 可用50%硫悬浮剂200～400倍液、20%三唑锡悬浮剂1500～2000倍液、1.8%阿维菌素乳油3000倍液喷雾防治 |

| 物候期 | 发生种类 | 发生（为害）特点 | 防治方法 |
|---|---|---|---|
| 萌芽至开花期（3～4月份） | 苹果全爪螨 | 越冬卵开始孵化，若螨为害芽体 | 用20%四螨嗪悬浮剂或15%哒螨灵乳油2000倍液喷雾 |
| | 黑玛绒金龟、苹毛丽金龟、小青花金龟、铜绿丽金龟、白星花金龟 | 4种金龟子的成虫均为害苹果花器和幼叶，一般在开花期出现，尤其在盛花期较多。可将花瓣、花蕊吃光 | 在果树花蕾期，用90%敌百虫晶体1000倍液或20%氰戊菊酯乳油2000倍液喷雾；在果树开花期，人工摇落害虫并集中处理 |
| | 苹果绵蚜 | 若虫刺吸树体汁液为害 | 可用40%乐果乳油10～20倍稀释液涂树干 |
| | 苹果透翅蛾 | 在蛀道内越冬的幼虫开始取食，由虫孔向外排出木屑或红褐色虫粪。 | 挖出幼虫或用80%敌敌畏乳油100倍液涂抹虫孔 |
| | 金纹细蛾 | 成虫产卵于根蘖的叶片上或幼叶上 | 清除树干基部的根蘖 |
| | 朝鲜球坚蜡蚧 | 若虫在原处刺吸汁液，虫体逐渐膨大 | 用48%毒死蜱乳油2500倍液喷雾防治 |

| 物候期 | 发生种类 | 发生（为害）特点 | 防治方法 |
| --- | --- | --- | --- |
| 落花至幼果期（5～6月份） | 绣线菊蚜、苹果瘤蚜 | 被害叶卷缩 | 用10%吡虫啉可湿性粉剂3000倍液喷雾防治 |
| | 苹果全爪螨、山楂叶螨 | 苹果落花后，苹果全爪螨第一代成螨和山楂叶螨越冬雌成螨开始产卵 | 苹果落花后，可选用20%四螨嗪悬浮剂或15%哒螨灵乳油2000倍液、20%三唑锡可湿性粉剂1500～2000倍液、5%尼索朗乳油或73%克螨特乳油2000～2500倍液喷雾 |
| | 二斑叶螨 | 第一代幼、若螨在杂草上为害繁殖的害螨向树上转移 | |
| | 金龟子 | 成虫为害幼叶，造成缺刻 | 喷药防治。使用药剂同开花前 |
| | 绿盲蝽 | 成虫和若虫为害嫩叶和幼果 | 用20%氰戊菊酯乳油2000倍液或50%杀螟硫磷乳油1000倍液喷雾 |
| | 茶翅蝽、麻皮蝽 | 成虫飞向果园，在幼果期刺吸果实 | |
| | 康氏粉蚧 | 第一代若虫在果实套袋前为害果实 | 果实套袋前选用40%乐果乳油1000倍液、10%吡虫啉可湿性粉剂3000倍液 |

| 物候期 | 发生种类 | 发生（为害）特点 | 防治方法 |
|---|---|---|---|
| 落花至幼果期（5～6月份） | 棉褐带卷蛾、黄色卷蛾、苹褐卷蛾、芽白小卷蛾 | 出蛰后的幼虫开始为害幼叶。叶片稍大后，幼虫吐丝卷叶，老熟后在卷叶内化蛹。下一代成虫仍然产卵于叶片上 | 可选用80%敌敌畏乳油或50%辛硫磷乳油1000倍液、48%毒死蜱乳油或20%氰戊菊酯乳油2000倍液、52.5%农地乐乳油2500倍液、5%高效氯氰菊酯乳油3000倍液 |
| | 各种毛虫 | 幼虫为害叶片，造成缺刻 | 用上述农药防治或兼治 |
| | 金纹细蛾 | 第一代和第二代幼虫发生期分别在5月份和6月份。幼虫潜叶为害 | 选用25%灭幼脲悬浮剂1500倍液、50%辛硫磷乳油或80%敌敌畏乳油1000倍液、20%氰戊菊酯乳油2000倍液、1.8%阿维菌素乳油4000倍液 |
| | 梨小食心虫、苹果小卷蛾、苹果小食心虫 | 3种蛀果害虫的越冬代成虫发生期在苹果幼果期。成虫产卵于幼果上，幼虫孵化后蛀果为害 | 用下列农药连续喷雾2次，间隔期10～15天：20%氰戊菊酯乳油或2.5%溴氰菊酯乳油或20%甲氰菊酯乳油2000倍液、5%高效氯氰菊酯乳油或10%天王星乳油3000倍液 |

| 物候期 | 发生种类 | 发生（为害）特点 | 防治方法 |
| --- | --- | --- | --- |
| 落花至幼果期（5～6月份） | 棉铃实夜蛾、玉米螟 | 幼虫为害果实，造成孔洞 | 选用以上药剂喷雾防治 |
| | 桃蛀果蛾 | 在苹果落花后15天左右，越冬幼虫开始出土，在地面寻找隐蔽处做椭圆形虫茧，在其中化蛹。6月上中旬出现第一代成虫。成虫产卵于果实萼洼处，幼虫孵化后蛀果为害 | ① 在幼虫出土期，用50%辛硫磷乳油或48%毒死蜱乳油，按每667平方米地用药剂0.5千克计算，加水稀释后喷于地面。②从6月中旬开始调查，当卵果率达0.5%时开始喷药，常用药剂有：50%杀螟硫磷乳油1000倍液、20%氰戊菊酯乳油，或48%毒死蜱乳油，或2.5%溴氰菊酯乳油，或20%甲氰菊酯乳油或10%天王星乳油2000倍液、5%高效氯氰菊酯乳油3000倍液，共喷药2～3次，间隔10天 |
| | 苹果绵蚜 | 苹果落花后，若虫开始向树冠上转移，在枝条叶腋处为害并繁殖。6月份是蚜虫繁殖盛期 | 可选用48%毒死蜱乳油2000倍液、52.5%农地乐乳油2000倍液、10%吡虫啉可湿性粉剂2000倍液、5%啶虫脒可湿性粉剂2000倍液喷雾 |

| 物候期 | 发生种类 | 发生（为害）特点 | 防 治 方 法 |
|---|---|---|---|
| 果实膨大期（7～8月份） | 桃蛀果蛾 | 7月下旬前脱果的幼虫，可发生第二代。8月中旬脱果的幼虫，部分入土越冬 | 当卵果率达到0.5%时喷药，使用药剂与上期相同，但要交替使用 |
| | 苹果小卷蛾、苹果小食心虫 | 成虫产卵于果实上，幼虫孵化后蛀果为害 | 在成虫发生期和幼虫孵化期喷药，使用药剂同防治桃蛀果蛾 |
| | 苹果全爪螨、山楂叶螨 | 每叶平均有活动态螨7～8头时，开始喷药 | 使用药剂与上期相同 |
| | 二斑叶螨 | 出现世代重叠，并开始有落叶 | 及时喷药防治，使用药剂同3～4份 |
| | 金纹细蛾 | 此时发生第三代和第四代幼虫 | 在幼虫发生初期用药剂防治，使用药剂与上期相同 |
| | 各种毛虫 | 幼虫为害叶片 | 正常管理的果园不必专门喷药防治 |
| | 苹果绵蚜 | 蚜虫主要在枝条上为害并繁殖 | 喷药防治，使用药剂同前期 |